개정2판

모아합격전략연구소

필기+실기

모아 퀵마스터
가스기능사

www.moa-ba.com

오직 모아바에서만

시험 전 최종 마무리를 위한 **퀵 마스터**
간편하게 시험장까지 함께하는 **포켓북**
얇지만 多있다! 합격맞춤 요약정리

Contents 이 책의 차례

PART 1 가스일반 / 3

PART 2 가스장치 및 기기 / 11

PART 3 가스안전관리 / 29

01 PART

가스기능사 퀵마스터

가스일반

- **표준대기압**
  - 지구상의 표면에 작용하는 압력
  - 토리첼리의 진공실험 수은 76 cm
  - 1기압(atm) = 760 mmHg = 10.332 mH₂O = 1.0332 kg/cm² = 1.013 bar = 0.101325 MPa = 101.325 kPa = 14.7 psi = 14.7 lb/in²

  절대압력 = 대기압 + 게이지압력

- **온도 환산**
  - 화씨온도(°F) = $\dfrac{9}{5} \times °C + 32$
  - 캘빈온도(K) = $°C + 273$
  - 랭킨온도(R) = $°F + 460 = K \times 1.8$

- **가스 비열비**
  - 비열비(K) = $\dfrac{정압비열}{정적비열} > 1$
  - 기체 : 정압비열 > 정적비열
  - 현열 : 온도변화만 일으키는 열
  - 잠열 : 상태변화만 일으키는 열

- **열역학 제 1법칙**

  열을 일로, 일을 열로 바꿀 수 있다.

- **열역학 제 2법칙**

    효율 100 %인 열기관은 제작 불가능하다.

- **기체**

    기체의 밀도 (d) = 기체분자량 / 22.4 L

    기체의 비중 = 기체분자량 / 29 (공기분자량)

    - 보일-샤를의 법칙 : $\dfrac{P_1 V_1}{T_1} = \dfrac{P_2 V_2}{T_2}$

    - 기체상수 R 단위 : kcal/kmol · K

- **헨리법칙**

    제외 기체 : 암모니아 (NH_3)

- **연소**
    - 연소의 3요소 : 가연성 물질, 산소공급원, 점화원
    - 연소의 종류 : 확산연소, 증발연소, 분해연소, 표면연소, 자기연소

- **폭발**
    - 분해폭발 : 산화에틸렌, 아세틸렌
    - 중합폭발 : 시안화수소

- **인화점과 발화점**
    - 인화점 : 점화원이 있을 때 연소가 일어나는 최저온도
    - 발화점 : 점화원 없이 스스로 연소가 일어나는 최저온도

- **폭굉**
  - 가스 중 음속보다 화염전파속도가 큰 경우 파면선단에 충격파라는 솟구치는 압력으로 격렬한 파괴작용을 하는 현상
  - 속도 : 1,000 ~ 3,500 m/sec

- **폭발범위**

가스명	하한	상한	가스명	하한	상한
부탄 C_4H_{10}	1.8	8.4	산화에틸렌 C_2H_4O	3	80
프로판 C_3H_8	2.1	9.5	수소 H_2	4	75
아세틸렌 C_2H_2	2.5	81	황화수소 H_2S	4.3	45
에틸렌 C_2H_4	2.7	36	시안화수소 HCN	6	41
에탄 C_2H_6	3	12.5	일산화탄소 CO	12.5	74
메탄 CH_4	5	15	암모니아 NH_3	15	28

- **위험도**

$$H = \frac{U-L}{L}$$

[H : 위험도, U : 폭발상한값 (%), L : 폭발하한값 (%)]

- **르샤틀리에 법칙**

$$L = \frac{100}{\dfrac{V_1}{L_1} + \dfrac{V_2}{L_2}}$$

[L : 혼합가스의 폭발한계치, L_1, L_2 : 각 성분 가스의 단독 폭발 한계치,
V_1, V_2 : 각 성분 가스의 비율 (부피 %)]

- **화재**
    ① A급 화재 : 일반 화재
    ② B급 화재 : 유류, 가스 화재
    ③ C급 화재 : 전기 화재
    ④ D급 화재 : 금속 화재

- **수소**
    - 수소폭명기 : 수소와 산소 또는 공기와의 혼합기체에 점화하여 급격히 폭발하는 기체
    - 탈탄작용 : 고온 고압에서 탄소와 반응하여 메탄 생성

- **산소**
    - 자신이 폭발하진 않지만 강한 조연성 가스
    - 산소압축기의 윤활유 : 물, 10 % 이하의 글리세린수

- **질소**
    - 불연성 기체로 분자상태에서는 안정하나 원자상태는 화학적으로 활발
    - 냉매로 사용
    - 기기 기밀시험, 퍼지용으로 사용

- **염소**
    - 수소와 염소가 혼합하면 폭발성을 가짐 (염소폭명기)
    - 제해제 : 소석회, 가성소다, 탄산소다, 수용액
    - 수돗물을 살균
    - 펄프・종이・섬유 표백
    - 공업수나 하수의 정화제

- **암모니아**

  독성이면서 가연성인 가스

- **암모니아 제법**
    - 고압법 : 클로드법, 카자레법
    - 중앙법 : IG법, JCI법, 동고시법, 뉴파우더법, 뉴우데법
    - 저압법 : 구우데법, 케로그법

- **일산화탄소**
    - 금속과 반응하면 금속 카르보닐 (Fe, Ni)을 생성
    - 포스겐 제조

- **이산화탄소**
    - 무독성의 불연성 기체
    - 드라이아이스 제조

- **액화석유가스 (LPG)**
    - 프로판, 부탄을 주성분으로 한 탄화수소
    - 공기보다 무겁고 물보다 가벼움
    - 연소 시 다량의 공기 필요

- **액화천연가스 (LNG)**
    - 메탄 (CH_4)가스가 주성분
    - 냉동창고, 냉동식품 등 한랭 이용
    - 도시가스

- **아세틸렌**
    - 구리 (Cu), 수은 (Hg), 은 (Ag) 등의 금속과 결합하여 금속 아세틸라이드 생성
    - 카바이드 (탄화칼슘)에 물을 첨가하여 제조

- 아세틸렌가스 용제 : 아세톤, 디메틸포름아미드 (DMF)
- 아세틸렌가스를 용제에 침윤시킨 다공도 : 75 ~ 92 % 이하
- 다공도 (%) = [(V-E)/V] × 100 (V : 다공 물질 용적, E : 아세톤 침윤시킨 전용적)

■ 프레온
- 무독성, 불연성 기체
- 냉동기 냉매로 이용

■ 헬라이트 토치 램프를 이용한 프레온 누설검사

(1) 누설이 없을 때 : 청색

(2) 소량누설 : 녹색

(3) 다량누설 : 자색

(4) 극심할 때 : 불 꺼짐

■ 포스겐

무색이며 자극적인 냄새를 가진 유독가스

■ 산화에틸렌

중합 및 분해폭발

■ 시안화수소
- 무색의 독성이 강하며 복숭아냄새
- 장기간 저장 시 중합하여 암갈색의 폭발성 고체가 됨 (60일 이내 저장)

■ 황화수소

달걀 썩는 냄새가 나는 유독성의 가연성 가스

■ 이황화탄소

계란 썩는 냄새가 나는 폭발성, 연소성 가스

■ 가스

가스이름	분자량	비점	허용농도 (ppm)
수소 (H_2)	2	-252.8 ℃	-
헬륨 (He)	4	-272 ℃	
산소 (O_2)	32	-182.97 ℃	
질소 (N_2)	28	-195.8 ℃	
염소 (Cl_2)	71	-34 ℃	1
암모니아 (NH_3)	17	-33.4 ℃	25
일산화탄소 (CO)	28	-	50
이산화탄소 (CO_2)	44		1,000
프로판 (C_3H_8)	44	-42.1 ℃	-
부탄 (C_4H_{10})	58	-0.5 ℃	
메탄 (CH_4)	16	-162 ℃	
에틸렌 (C_2H_4)	28	-103.71 ℃	
아세틸렌 (C_2H_2)	26	83.8 ℃	
포스겐 ($COCl_2$)		-	0.1
아황산가스 (SO_2)			5
시안화수소 (HCN)			10
아황화탄소 (CS_2)			20

PART 02

가스기능사 퀵마스터

가스장치 및 기기

- **강제기화방식**
  - 공급가스 조성이 일정
  - 기화량 가감이 용이
  - 한랭시에도 충분히 기화 가능
  - 자연기화보다 적은 용기 수 필요, 설치면적이 작아도 됨

- **감압가열 방식**

  가스 감압 후, 강제 기화시켜 공급하는 방식

- **직동식 정압기 기본구조**

  스프링, 메인벨브, 다이어프램

- **파일럿식 정압기 기본구조**

  스프링, 파일럿, 다이어프램

- **레이놀드 정압기**
  - 언로딩형 정압기
  - 정특성이 좋음
  - 안정성이 떨어짐
  - 대형 정압기에 사용

- **피셔(Fisher)식 정압기**
  - 구동압력 증가 시 개도 증가
  - 정특성·동특성 양호
  - 비교적 컴팩트

- **단단 감압식 조정기 장점**
  - 장치 간단
  - 조작 간단

- **2단 감압식 조정기 장점**
  - 공급 압력 안정
  - 중간 배관이 가늘어도 됨
  - 각 기구에 알맞은 압력 강하 보정 가능

- **2단 감압식 조정기 단점**
  - 설비 복잡
  - 재액화의 문제

- **자동절환식 조정기 장점**
  - 용기 교환주기 폭을 넓힐 수 있음
  - 전체 용기 수량이 수동교체식보다 적음
  - 잔액이 거의 없어질 때까지 소비
  - 단단 감압식보다 압력손실을 크게 할 수 있음

- **조정압력**
  - 1단 감압식 저압조정기 : 2.3 ~ 3.3 kPa
  - 1단 감압식 준저압조정기 : 5 ~ 30 kPa 이내에서 제조자가 설정한 기준압력의 ±20 %
  - 2단 감압식 2차용 저압조정기 : 2.3 ~ 3.3 kPa
  - 자동절체식 일체형 저압조정기 : 2.55 ~ 3.3 kPa

- **연소방식**
  - 분젠식 : 1차 공기 60 %, 2차 공기 40 % 로 불꽃 표준 온도가 가장 높음
  - 세미분젠식 : 1차 공기량이 분젠식보다 적음
  - 전1차 공기식 : 연소공기 전부 1차 공기
  - 적화식 : 연소공기 전부 2차 공기, 온도 낮음

- **역화**

  염이 염공을 통해 버너의 혼합관 내에 불타며 들어오는 현상

- **역화 원인**
  - 콕이 충분히 열리지 않았을 때
  - 가스의 압력이 너무 낮을 때
  - 버너 위 큰 용기를 올려 장시간 사용할 때
  - 염공이 큰 경우

- **선화**

  가스가 염공을 떠나서 연소하는 현상

- **선화 원인**
  - 버너의 압력이 높은 경우
  - 가스 공급압력이 높은 경우
  - 연소가스 배출 불안전한 경우 또는 2차 공기 공급이 불충분한 경우
  - 공기조절장치를 많이 열었을 경우

- **LP 가스 불완전 연소 원인**
  - 공기 공급량 부족
  - 배기 불충분

- 가스 조성이 맞지 않을 때
- 가스기구와 연소기구가 맞지 않을 때

■ **펌프**

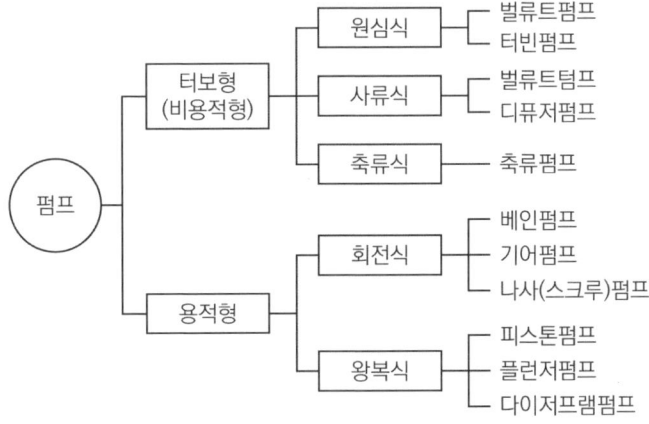

■ **축류 펌프**
- 터보형 펌프
- 비교적 저양정에 적합
- 효율 변화가 급함

■ **기어펌프 (회전식)**
베이퍼록 현상이 일어나기 쉬움

■ **메커니컬 실**
고속으로 회전하는 축에서 고정 고리와 회전 고리를 접촉시켜 유체가 새는 것을 막는 장치

- **아웃사이드형**
  - 구조재, 스프링재가 액의 내식성에 문제가 있을 때 사용
  - 고점도액일 때 사용

- **밸런스 실**
  - 내압 : 0.4 ~ 0.5 MPa 이상
  - 액화 가스에서 비교적 낮은 비점 액화가스용

- **캐비테이션**
  - 액온 증기압보다 압력이 낮은 부분에서 발생
  - 유체의 온도가 높을수록 생기기 쉬움
  - 펌프의 회전수를 작게 하여 방지

- **워터해머링 현상 (수격현상)**

  배관 내 유체의 속도가 급격히 변했을 때, 물이 관벽을 치는 현상

- **서징 현상**
  - 펌프 운전 중 한숨을 쉬는 것과 같은 상태
  - 토출구와 흡입구에서 압력계의 바늘이 흔들림
  - 유량이 변함

- **압축기**

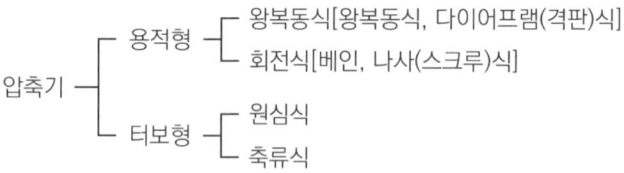

- **터보형 원심식 압축기**

  임펠러 출구각 : 90°이하

- **압축기 윤활유**
  - 공기 압축기 : 양질의 광유
  - 수소 압축기 : 양질의 광유
  - 염소 압축기 : 진한 황산
  - 산소 압축기 : 물

- **다단압축 목적**
  - 소요 일량 감소
  - 이용 효율 증대
  - 힘의 평형 향상
  - 토출온도 하강

- **이음새 없는 용기**
  - 고압 액화가스 충전용 (고압에 견디기 쉬움)
  - 염소, 암모니아 등 저압 용기 : 탄소강 사용
  - 산소, 수소 등 고압 용기 : 망간강 사용

- **용접 용기**

  저압용 용기

- **용기 재질**
  - LPG : 탄소강
  - 염소 (Cl_2) : 탄소강
  - 아세틸렌 (C_2H_2) : 탄소강

- 암모니아 (NH_3) : 탄소강
- 산소 (O_2) : 크롬강
- 수소 (H_2) : 크롬강 (5~6 %)

■ **내압시험 기준**
- 압축가스 및 액화가스 = 최고충전압력 (FP) × 5/3 배
- 아세틸렌 용기 내압시험 = 최고충전압력 (FP) × 3 배
- 고압가스 설비 내압시험 = 상용압력 × 1.5 배

■ **기밀시험**

내압이 확인된 용기에 공기 또는 불활성 가스를 가압하여 측정
- 사용되는 가스 : 질소 (N_2), 이산화탄소 (CO_2) 등 불활성가스
- 시험압력 이상의 기체를 압입하여 1분 이상 유지하고 비눗물 사용

■ **기밀시험 기준**
- 초저온 및 저온 용기 기밀시험 = 최고충전압력 (FP) × 1.1 배
- 아세틸렌 용기 기밀시험 = 최고충전압력 (FP) × 1.8 배
- 기타 용기 기밀시험 = 최고충전압력 이상

■ **안전밸브 종류**
- 스프링식 안전밸브 : LPG
- 파열판식 안전밸브 : 산소, 수소, 질소, 아르곤
- 가용전식 안전밸브 : 염소, 아세틸렌

- **가스 배관 전단응력 원인**
  - 내부압력의 응력
  - 냉간가공의 응력
  - 열팽창에 의한 응력

- **관의 종류**
  - SPLT : 저온배관용 탄소강관
  - SPHT : 고온배관용 탄소강관
  - SPPS : 압력 배관용 탄소강관
  - SPPH : 고압배관용 탄소강관
  - SPLT : 저온배관용 강관

- **캐스케이드식 공기액화 사이클**
  - 다원 액화 사이클
  - 비점이 낮은 냉매 사용하여 저비점 기체 액화

- **필립스 액화사이클**
  - 피스톤과 보조 피스톤이 있음
  - 양 피스톤 작용 : 상부 팽창기 통해 공기 액화

- **공기액화분리장치 폭발원인**
  - 공기 취입구에서 아세틸렌의 혼입
  - 공기 중에서 산화질소, 이산화질소 등의 질소산화물이 혼입되었을 때
  - 액체공기 중 오존이 혼입되었을 때
  - 압축기용 윤활유의 분해에 따른 탄화수소가 생성되었을 때

- **오토 클레이브**

  액체를 가열하면 온도의 상승과 더불어 증기압이 상승하므로 액상을 유지하면서 반응시킬 경우 사용되는 밀폐 반응 용기

- **진탕형**
  - 가스누설의 가능성이 없음
  - 뚜껑판에 뚫어진 구멍에 촉매가 끼어들어갈 염려가 있음
  - 교반형에 비하여 교반효과가 우수하지 않음

- **펌프 LP가스 이송**

- **펌프 사용의 장점**
  - 재액화 현상이 일어나지 않음
  - 드레인 현상이 없음

- **펌프 사용의 단점**
  - 충전시간이 길음
  - 잔가스 회수 불가
  - 베이퍼록 현상이 일어나 누설의 원인

- **원심펌프 연결**
  - 직렬 연결 : 양정 증가, 유량 일정
  - 병렬 연결 : 양정 일정, 유량 증가

유량	양정	동력
유량 $= (\frac{N_2}{N_1})$	양정 $= (\frac{N_2}{N_1})^2$	동력 $= (\frac{N_2}{N_1})^3$

- **압축기 LP가스 이송**

- **압축기 사용의 장점**
  - 펌프에 비해 충전시간이 짧음
  - 잔가스 회수 가능
  - 베이퍼록 현상이 생기지 않음

- **압축기 사용의 단점**
  - 부탄의 경우 저온에서 재액화 현상
  - 드레인 현상이 생김

- **사방밸브**

  압축기의 토출측과 흡입측을 전환시키는 밸브로서 액송과 가스회수를 한 동작으로 가능

- **자연기화방식**
  - 소량 소비시에 적당
  - 가스의 조성 변화량이 큼
  - 발열량의 변화가 큼
  - 용기 수가 많이 필요

- **강제기화방식**
  - 발열량 조절
  - 누설시의 손실 감소
  - 재액화 방지
  - 연소효율 증대

- **부취제**
  - 냄새로 누설 파악, 폭발사고나 중독사고방지
  - 1/1000의 비율로 사용

- **부취제 종류**
  - THT (석탄가스 냄새), TBM (양파 썩는 냄새) DMS (마늘 썩는 냄새)
  - 냄새 강도 : TBM > THT > DMS

- **부취제 구비 조건**
  - 독성이 없을 것
  - 극히 낮은 농도에서도 냄새가 확인될 수 있을 것
  - 가스미터나 가스관에 흡착되지 않을 것
  - 물에 잘 녹지 않을 것
  - 화학적으로 안정될 것
  - 토양에 대해 투과성이 클 것
  - 연료가스 연소 시 완전연소될 것

- **부취설비 관리 (부취제 엎질렀을 때)**
  - 활성탄에 의한 흡착
  - 화학적 산화처리
  - 연소법

- **적하 주입방식**

  부취제 주입용기를 가스압으로 밸런스시켜, 중력에 의해 주입하는 방식

- **가스미터**

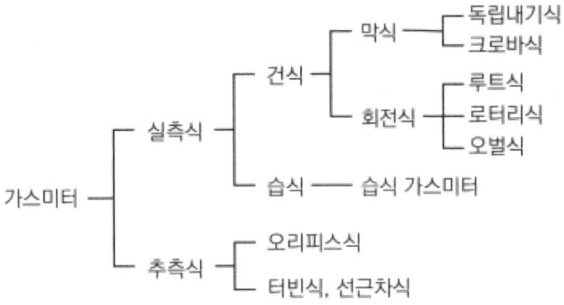

- **루트 미터 가스미터기**
  - 대용량 측정이 가능
  - 설치 공간이 작음
  - 스트레이너(여과기)를 설치

- **가스미터 설치장소**
  - 통풍 양호한 곳
  - 화기와 습기에서 멀리 떨어진 곳
  - 청결하며 진동 없는 곳
  - 가능한 한 배관 길이가 짧고 꺾이지 않는 곳
  - 전기공작물 주변 직사광선이 비치지 않는 곳

- **도시가스 연소성 시험**
  - 매일 6시 30분 ~ 9시 사이와 17시 ~ 20시 30분 사이에 각각 1회씩 실시
  - 측정된 웨베지수는 표준웨베지수의 ± 4.5 % 이내 유지
  - 가스홀더 또는 압송기 출구에서 웨베지수 측정

- **1차 압력계**
  - U자관형 마노미터
  - U자관형 압력계
  - 경사관식 압력계
  - 호르단형 압력계
  - 침종식 압력계

- **2차 압력계**

  부르동관식, 다이어프램식, 벨로스식

  ① 부르동관식
  - 탄성 이용
  - 눈금 범위 : 상용압력의 1.5배 이상 2배 이하로 사용

  ② 다이어프램식
  - 탄성 이용
  - 부식성 유체 측정 가능
  - 정확성이 높음
  - 온도에 따른 영향이 큼
  - 반응속도가 빠름
  - 미소압력 측정 유리

  ③ 벨로우즈식
  - 주름관 사용 신축 압력계
  - 진공압 및 차압 측정용
  - 탄성식 압력계
  - 측정압력 범위 : $0.01 \sim 10\,kg/cm^2$

- **액주식 압력계**
  - 관을 이용한 압력계

- U자관식, 경사관식, 단관식

■ **액주식 압력계 액체 구비조건**
- 모세관 현상 없음
- 화학적 안정
- 점도와 팽창계수 작음
- 온도변화에 의한 밀도변화 작음

■ **접촉식 온도계**
- 유리제 온도계
- 압력식 온도계
- 열전대 온도계

■ **비촉식 온도계**
- 방사 온도계
- 색 온도계
- 광고 온도계
- 광전관식 온도계

■ **열전대 온도계**
- 접촉식 온도계
- 열기전력의 발생 원리(제백효과) 이용
- 백금 – 백금로듐 계
- 크로멜-알루멜
- 철-콘스탄탄
- 동-콘스탄탄

- **열전대 측정온도**
  - 백금-백금 · 로듐 : 0 ~ 1,600 ℃
  - 크로멜-알루멜 : 0 ~ 1,200 ℃
  - 철-콘스탄탄 : -200 ~ 800 ℃
  - 동-콘스탄탄 : -200 ~ 350 ℃

- **차압식 유량계**
  - 오리피스
  - 벤투리 미터
  - 플로우 노즐

- **로터미터 (면적 가변식 유량계) 장점**
  - 소용량 측정 가능
  - 압력손실이 적으며 거의 일정
  - 유효 측정범위가 넓음
  - 장치 간단

- **슬립튜브식 액면계**

  가는 스테인관을 상하 ↕로 움직여 액면 측정

- **부자식 액면계**
  - 간단한 구조
  - 고압, 고온. 밀폐탱크에 사용
  - 가장 널리 사용되는 액면계

- **햄프슨식 액면계**

  극기온 저장탱크를 이용하는 차압식 액면계

- **냉동제조시설 수액기 액면계**
  - 차압식 . 액면계, 액면계
  - 환형유리관액면계 → 깨지기 쉽기 때문에 냉매설비로 사용 불가

- **가스 흡수분석법**
  - 헴펠법
  - 오르자트법
  - 게겔법

- **헴펠법 가스분석 순서**

  CO_2 → $CmHn$ → O_2 → CO [이중산일헴]

- **오르자트법 가스분석 순서**

  CO_2 → O_2 → CO [오이산일]

- **가스 연소 분석법**
  - 분별 연소법
  - 완만 연소법
  - 폭발법

- **가스크로마토그래피법**

  도시가스 품질검사 시 가장 많이 사용되는 기기 분석법

- **가스크로마토그래피 구성 요소**
  - 검출기

- 컬럼 (분리기)
- 기록계

■ **수소이온화 검출기 (FID)**

수소불꽃을 이용하여 탄화수소 누출을 검지할 수 있는 가스누출 검출기

■ **적외선 분광분석법**
- 진동에 의해서 적외선의 흡수
- 쌍극자모멘트의 알짜변화 이용
- Fourier 변환분광계
- Nernst 백열등

■ **안전등형**
- 가연성 가스 검출기
- 탄광에서 발생하는 메탄 (CH_4) 농도 측정

■ **가스누설검지 경보농도**
- 가연성 가스 : 폭발하한계의 1/4 이하
- 독성가스 : 허용농도 이하 (NH_3를 실내에서 사용하는 경우 : 50 ppm)

■ **경보기 정밀도**
- 가연성 가스 : ±25 % 이하
- 독성가스 : ±30 % 이하

■ **검지에서 발신까지 걸리는 시간**
- 경보농도의 1.6배 농도 : 30초 이내
- 암모니아 (NH_3), 일산화탄소 (CO) : 60초 이내

03 PART

가스기능사 퀵마스터

가스안전관리

■ **안전관리자**

안전관리 총괄자 · 안전관리 부총괄자 · 안전관리 책임자 · 안전관리원

■ **가스 종류**

① 가연성 가스

공기 중에서 연소하는 가스로서 폭발한계의 하한이 10 % 이하인 것과 폭발한계의 상한과 하한의 차가 20 % 이상인 연소하는 가스

② 독성가스

독성을 가진 가스로, 허용농도가 100만분의 5,000 (5000 ppm) 이하인 것

⇒ 성숙한 흰쥐 집단에게 대기 중 1시간 동안 노출시킨 경우 14일 이내에 그 쥐의 2분의 1 이상이 죽게 되는 가스 농도

③ 액화가스

대기압에서 비점이 40 ℃ 이하 또는 상용 온도 이하인 액체 상태의 가스

■ **제독제**

가스	제독제
염소	가성소다수용액, 탄산소다수용액, 소석회
포스겐	가성소다수용액, 소석회
황화수소	가성소다수용액, 탄산소다수용액
시안화수소	가성소다수용액
아황산가스	가성소다수용액, 탄산소다수용액, 물
암모니아, 산화에틸렌, 염화메탄	다량의 물

■ **용어**

- 초저온저장탱크 : 영하 50 ℃ 이하의 액화가스를 저장하기 위한 탱크

- 처리 능력

  처리설비 또는 감압설비에 의하여 압축·액화나 그 밖의 방법으로 1일에 처리할 수 있는 가스의 양이 0 ℃, 게이지압력 0 MPa 상태 기준

- 방화벽

  높이 2 m 이상, 두께 12 cm 이상의 철근콘크리트 또는 이와 같은 수준 이상의 강도를 가지는 구조의 벽

■ **액화가스 저장능력**

- 액화가스 저장탱크

  저장탱크 $W = 0.9dV$

  W : 저장능력 (m^3)
  V : 내용적 (L)
  d : 상용온도에서의 액화가스 비중 (kg/L)

- 액화가스의 용기 및 차량에 고정된 탱크

  탱크 $W = V/C$

  C : 액화가스 정수

■ **냉동능력 1톤**

- 원심식 압축기를 사용하는 냉동설비 : 압축기 원동기의 정격출력 1.2 kW/일
- 흡수식 냉동설비 : 발생기를 가열하는 1시간의 입열량 6,640 kcal/일

■ **고압가스 제조시설 및 기준**

- 우회거리

  ① 가스설비 또는 저장설비와 화기를 취급하는 장소 : 2 m

  ② 가연성가스 또는 산소의 가스설비 또는 저장설비 : 8 m

- 용기보관장소 주위 2 m 이내 화기 또는 인화성 물질이나 발화성 물질을 두지 않을 것

- 충전용기와 잔가스용기는 각각 구분하여 용기보관장소에 놓을 것
- 용기보관장소에는 계량기 등 작업에 필요한 물건 외에는 두지 않을 것
- 충전용기는 항상 40 ℃ 이하의 온도를 유지하고 직사광선을 받지 않도록 할 것
- 가연성가스 저장탱크와 다른 가연성가스 저장탱크 또는 산소저장탱크 사이에는 두 저장탱크 최대지름을 더한 길이의 4분의 1 이상의 거리를 유지할 것
- 가연성가스 보관장소에 방폭형 휴대용 손전등 외의 등화를 지니고 들어가지 않을 것
- 충전용기 (내용적 5 L 이하인 것은 제외)에는 넘어짐 등에 의한 충격 및 밸브의 손상을 방지하는 등의 조치를 하고 난폭한 취급을 하지 않을 것
- 가연성가스 제조시설의 고압가스설비는 그 외면으로부터 다른 가연성가스 제조시설의 고압가스설비와 5 m, 산소 제조시설의 고압가스설비와 10 m 이상의 거리 유지
- 암모니아, 브롬화메탄 및 공기 중에서 자기 발화하는 가스는 제외한 가연성가스설비 중 전기설비는 방폭성능을 가지는 것일 것
- 이격거리 [m 이상]

처리능력 및 저장능력	산소 처리·저장설비		독성, 가연성 가스 처리·저장설비		그 밖의 가스 처리·저장설비	
	제1종 보호시설	제2종 보호시설	제1종 보호시설	제2종 보호시설	제1종 보호시설	제2종 보호시설
1만 이하	12	8	17	12	8	5
1만 ~ 2만	14	9	21	14	9	7
2만 ~ 3만	16	11	24	16	11	8
3만 ~ 4만	18	13	27	18	13	9
4만 ~ 5만	20	14	30	20	14	10
5만 ~ 99만	-	-	30	20	-	-

(처리능력 및 저장능력 범위 : ~초과 ~이하)

- **고압가스 압축작업 중단**
  - 산소 중 아세틸렌, 에틸렌, 수소의 합계 : 전체 용량의 2 % 이상
  - 아세틸렌 중 산소 : 전체의 4 % 이상
  - 산소 중 가연성 가스 : 전체의 4 % 이상
  - 시안화수소 중 산소 : 전체의 4 % 이상

- **고압가스 점검기준**
  - 고압가스 제조설비 사용개시 전, 후 1일 1회 이상 점검
  - 충전용 주관 압력계는 매월 1회 이상, 그 밖은 3개월에 1회 이상
  - 안전밸브 중 압축기의 최종단에 설치한 것은 1년에 1회 이상, 그 외는 2년에 1회 이상

- **기타 기준**
  - 차량에 공개된 탱크 내용적 2,000 L 이상인 것에는 고압가스를 충전하거나 그로부터 가스를 이입받을 때는 차량정지목을 설치하는 등 차량이 고정되도록 할 것

- **방호벽 기준**

종류	두께	높이
철근콘크리트	12 cm 이상	2 m 이상
콘크리트 블록	15 cm 이상	
박강판	3.2 mm 이상	
후강판	6 mm 이상	

- **방호벽 설치 장소**
  - 아세틸렌 압축기와 충전용기 보관장소 사이
  - 아세틸렌 압축기와 충전용 주관 밸브 조작장소 사이
  - 압축가스 압축기와 충전장소 사이

- 압축가스 압축기와 충전용기 보관장소 사이
- 판매시설의 용기 보관실벽

■ **역류방지밸브 설치장소**
- 가연성 가스 압축기와 충전용 주관 사이
- 아세틸렌 압축기의 유분리기와 고압건조기 사이
- 감압설비와 당해가스의 반응설비 간의 배관 사이

■ **역화방지장치 설치장소**
- 가연성 가스를 압축하는 압축기와 오토클레이브 사이
- 아세틸렌의 고압 건조기와 충전 교체밸브 사이 배관
- 아세틸렌 충전용 지관
- 수소화염 또는 산소, 아세틸렌화염 사용 시설

■ **2중 배관 사용 독성가스**

포스겐, 황화수소, 시안화수소, 염소, 아황산가스, 산화에틸렌, 암모니아, 염화메탄

■ **액화천연가스 자동차 충전**
- 차량에 고정된 탱크 내용적이 5,000 L 이상인 액화천연가스 이입 : 차량 정지목 사용
- 배관 온도는 항상 40 ℃ 이하 유지
- 저장탱크 내용적 90 % 넘지 않을 것
- 충전용 지관 가열 시 열습포 또는 40 ℃ 이하의 물 사용
- 충전설비는 1일 1회 이상 점검할 것
- 충전용 주관 압력계는 매월 1회 이상 검사할 것 (그 밖의 압력계는 3개월에 1회 이상)

- 안전밸브는 1년에 1회 이상 적절한 조건의 압력에서 작동하도록 조정할 것
- 처리설비 · 압축가스설비 및 충전설비는 지상에 설치할 것

■ 시안화수소 (HCN)
- 순도 : 98 % 이상
- 안정제 : 황산, 동망, 오산화인, 염화칼슘, 인산, 아황산가스
- 용기충전 후 24시간 정치 후 1일 1회 이상 초산구리벤젠지 등으로 가스 누출 검사
- 충전 후 60일 초과 전 다른 용기에 옮겨 충전

■ 아세틸렌
- 2.5 MPa 압력으로 압축 시 첨가하는 희석제
  프로판, 메탄, 에틸렌, 질소, 수소, 일산화탄소, 이산화탄소
- 습식아세틸렌 발생기 표면온도 : 70 ℃ 이하
- 아세틸렌 용기 다공도 : 75 % 이상 92 % 미만
- 아세틸렌 용제 : 아세톤, 다이메틸폼아마이드

■ 용기 재검사 주기
- 용접용기 신규검사 후 15년 미만 : 5년
- 용접용기 신규검사 후 15 ~ 20년 미만 : 2년
- 용접용기 신규검사 후 20년 이상 : 1년
- 500 L 이상 이음매 없는 용기 : 5년
- 저장탱크 없는 곳의 기화기 : 3년
- 압력용기 : 4년

■ **고압가스 운반기준**
- 충전용기는 차량에 세워서 적재하여 운반할 것
- 독성가스를 운반하는 차량에는 일반인이 쉽게 알아볼 수 있도록 붉은 글씨로 "위험 고압가스" 및 "독성가스" 라는 경계표시와 전화번호를 표시할 것
- 차량에 고정된 탱크

차량에 고정된 탱크 운반차량	가연성가스 및 산소	1만 8천 L
	독성가스	1만 2천 L

- 고압가스를 200 km 이상의 거리를 운반할 때는 운반책임자를 동승시킴
- 운반책임자 동승기준

	독성가스	1,000 kg 이상
액화가스	가연성가스	3,000 kg 이상
	조연성가스	6,000 kg 이상
	독성가스	100 m³ 이상
압축가스	가연성가스	300 m³ 이상
	조연성가스	600 m³ 이상

■ **차량에 고정된 탱크 재검사 주기**

15년 미만	15년 이상 20년 미만	20년 이상
5년마다	2년마다	1년마다

■ **재검사 용기 파기방법 기준**
- 원형으로 가공할 수 없도록
- 파기할 때는 검사원이 직접 실시
- 잔가스를 전부 제거한 후 절단
- 허가관청에 파기에 대한 신고절차는 필요 없음

■ 용기 기호

- PG : 압축가스용
- AG : 아세틸렌 가스용
- TP : 테스트 압력
- W : 질량
- LT : 저온 및 초저온 가스용
- FP : 최고충전 압력
- G : 그 밖의 가스용
- V : 체적

■ 일반가스 용기 도색

가스종류	도색
액화염소	갈색
액화탄산가스	청색
산소	녹색
액화석유가스	회색

가스종류	도색
암모니아	백색
아세틸렌	황색
질소	회색
수소	주황색

■ 의료용가스 용기 도색

가스종류	도색
사이클로프로판	주황색
에틸렌	자색
질소	흑색
아산화질소	청색

가스종류	도색
헬륨	갈색
산소	백색
액화탄산가스	회색
그 밖의 가스	회색

■ 용기 시험 기준

용기 내압시험	아세틸렌 용기	최고충전압력 3배
	아세틸렌 이외의 압축가스와 액화가스 용기	최고충전압력 5/3배
용기 기밀시험	아세틸렌 용기	최고충전압력 1.8배
	초저온 및 저온가스 용기	최고충전압력 1.1배
	기타 가스용기	최고충전압력 이상

- **에어졸**
  - 불꽃길이 시험 온도 : 24 ℃ ~ 26 ℃ 이하
  - 제조기준 : 인화성 물질과 우회거리 8 m 이상 유지
  - 인체에서 20 cm 이상 떨어져 사용
  - 35 ℃에서 내압이 0.8 MPa 이하 및 내용적의 90 % 이하로 충전할 것
  - 50 ℃에서 용기 내의 가스 압력의 1.5배로 가압 시 변형이 없고 50 ℃에서 용기 내 가스 압력의 1.8배로 가압 시엔 파열되지 않을 것

- **액화석유가스**
  - 액화석유가스 : 프로판이나 부탄을 주성분으로 한 가스를 액화한 것
  - 저장설비 : 액화석유가스를 저장하기 위해 지상 또는 지하에 고정 설치된 탱크
    ⇒ 저장능력이 3톤 이상인 탱크
  - 소형저장탱크 : 저장능력이 3톤 미만인 탱크
  - 충전용기 : 가스 충전 질량의 2분의 1 이상이 충전되어 있는 상태의 용기
  - 잔가스 용기 : 가스 충전 질량의 2분의 1 미만이 충전되어 있는 상태의 용기

- **저장 능력 기준**

액화석유가스 판매업자	저장능력 10톤 이하
액화석유가스 저장소	내용적 1 L 미만 : 500 kg
	저장설비 : 5톤 이상

- **충전 시설 기준**
  - 저장설비 및 가스설비는 화기를 취급하는 장소까지 : 8 m 이상 우회거리 유지

- 충전시설 저장능력과 사업소경계와 거리

저장능력	사업소경계와 거리
10톤 이하	24 m
10톤 초과 20톤 이하	27 m
20톤 초과 30톤 이하	30 m
30톤 초과 40톤 이하	33 m
40톤 초과 200톤 이하	36 m
200톤 초과	39 m

- 저장능력

$$W = 0.9\,dV$$

W : 저장탱크의 저장능력 (kg)
d : 액화석유가스 비중 (kg/L)
V : 저장탱크 내용적 (L)

- 충전량

$$G = \dfrac{V}{C}$$

G : 액화석유가스 질량 (kg)
C : 프로판 (2.35), 부탄 (2.05)
V : 저장탱크 내용적 (L)

- 저장설비와 사업소경계까지 거리

저장능력	사업소경계와 거리
10톤 이하	17 m
10톤 초과 20톤 이하	21 m
20톤 초과 30톤 이하	24 m
30톤 초과 40톤 이하	27 m
40톤 초과	30 m

- 사업소 부지는 한 면이 폭 8 m 이상의 도로에 접할 것
- 자동차에 고정된 탱크 이·충전장소에는 정차위치를 지면에 표시하며 그 중심으로부터 사업소경계까지 24 m 이상 유지할 것
- 가스 충전 시 가스 용량이 저장탱크 내용적 90 %를 넘지 않을 것

- 자동차에 고정된 탱크는 저장탱크 외면으로부터 3 m 이상 떨어져 정지할 것
- 액화석유가스는 공기 중 혼합비율 용량이 1/1,000의 상태에서 냄새로 감지할 것

■ **충전용기 보관기준**
- 작업에 필요한 물건 외에는 비치하지 않을 것
- 용기보관장소 주위 8 m 이내에는 화기 또는 인화성·발화성 물질을 두지 않을 것
- 충전용기는 항상 40 ℃ 이하를 유지하며, 직사광선을 받지 않을 것
- 용기보관장소에 충전용기와 잔가스용기를 각각 구분하여 둘 것

■ **저장설비와 충전설비 외면으로부터 보호시설까지의 안전거리**

저장능력	제1종 보호시설	제2종 보호시설
10 톤 이하	17 m	12 m
10 톤 초과 20 톤 이하	21 m	14 m
20 톤 초과 30 톤 이하	24 m	16 m
30 톤 초과 40 톤 이하	27 m	18 m
40 톤 초과	30 m	20 m

■ **소형저장탱크 사이 거리**

소형저장탱크 충전질량	탱크 간 거리
1,000 미만	0.3 m 이상
1,000 이상 2,000 미만	0.5 m 이상

- **폭발방지장치를 설치한 것으로 보는 경우**
  - 물분무장치나 소화전을 설치한 저장탱크
  - 저온저장탱크로서 단열재의 두께가 해당 탱크 주변 화재를 고려하여 설계된 저장탱크
  - 지하에 매몰하여 설치하는 저장탱크

- **피해저감설비기준**
  - 가스용 폴리에틸렌관은 노출배관으로 사용 금지
  - 1년에 1회 이상 정기적으로 침하상태를 측정할 것
  - 배관 온도는 항상 40 ℃ 이하로 유지할 것
  - 소형저장탱크 주위 밸브 조작은 수동조작할 것
  - 가스 충전 시 탱크 내용적의 90 %를 넘지 않을 것
  - 설비에 대한 작동상황은 1일 1회 이상 점검할 것
  - 안전밸브는 1년에 1회 이상 설정 압력 이하의 압력에서 작동하도록 조정할 것

- **액화석유가스 판매, 충전 영업소**
  - 사업소 부지는 한 면이 폭 4 m 이상 도로에 접할 것
  - 판매업소 용기보관실 벽은 방호벽으로 할 것
  - 용기보관실과 사무실은 동일 부지에 구분하여 설치할 것
  - 용기보관실은 누출된 가스가 사무실로 유입되지 않는 구조로 할 것
  - 용기보관실은 불연성 재료로 사용할 것
  - 용기보관실 벽은 방호벽으로 할 것

■ 액화석유가스 사용시설

• 저장능력과 화기와의 우회거리

저장능력	화기와 우회거리
1 톤 미만	2 m 이상
1 톤 이상 3 톤 미만	5 m 이상
3 톤 이상	8 m 이상

• 사용시설 저장설비 용기는 저장능력이 500 kg 이하일 것
• 소형저장탱크와 기화장치 주위 5 m 이내에서 화기 사용 금지할 것
• 가스계량기 설치 높이는 바닥으로부터 1.6 m 이상, 2 m 이하에 고정할 것
• 입상관에 부착된 밸브는 바닥으로부터 1.6 m 이상, 2 m 이내에 설치할 것
• 가스용 폴리에틸렌관은 노출배관으로 사용하지 않을 것
  ⇒ 지상배관과 연결하기 위해서는 지면 30 cm 이하 사용 가능
• 가스보일러 설치시공확인서는 5년간 보존할 것

■ 배관의 고정 부착

관지름 13 mm 미만	1 m 마다
관지름 13 mm 이상 33 mm 미만	2 m 마다
관지름 33 mm 이상	3 m 마다

■ 가스계량기와의 거리

전기계량기 및 전기개폐기	60 cm 이상
굴뚝·전기점멸기 및 전기 접속기	30 cm 이상
절연조치를 하지 않은 전선	15 cm 이상

- **액화석유가스 검사**
  - 품질검사

생산공장 또는 수입기지의 액화석유가스	월 1회 이상
그 밖의 저장시설에 보관 중인 액화석유가스	분기 1회 이상

  - 자체검사 : 주 1회 이상 실시 (다만, 공장 밖 저장시설의 액화석유가스는 월 1회 이상)

- **압력조정기**
  - 입구압력과 조정압력

조정기 종류	입구압력 (MPa)	조정압력 (kPa)
1단감압식 저압조정기	0.07 ~ 1.56	2.3 ~ 3.3
1단감압식 준저압조정기	0.1 ~ 1.56	5.0 ~ 30.0
2단감압식 1차용 조정기 (용량 100 kg/h 이하)	0.1 ~ 1.56	57 ~ 83
2단감압식 1차용 조정기 (용량 100 kg/h 초과)	0.3 ~ 1.56	57 ~ 83
2단감압식 2차용 저압조정기	0.01 ~ 0.1 0.025 ~ 0.1	2.3 ~ 3.3
2단감압식 2차용 준저압조정기	조정압력 이상 ~ 0.1	5.0 ~ 30.0
자동절체식 일체형저압조정기	0.1 ~ 1.56	2.55 ~ 3.30
자동절체식 일체형준저압조정기	0.1 ~ 1.56	5.0 ~ 30.0

  - 조정압력 3.3 kPa 이하인 압력조정기의 안전장치 작동압력

작동개시압력	작동정지압력
5.6 ~ 8.4 kPa	5.04 ~ 8.4 kPa

  - 표준작동압력 : 7kPa

- 내압시험

입구 쪽	3 MPa 이상으로 1분간 실시
	2단감압식 2차용 조정기 → 0.8 MPa 이상
출구 쪽	0.3 MPa 이상
	2단감압식 1차용 조정기 및 자동절체식 분리형 조정기 → 0.87 MPa 이상
	그 밖의 압력조정기 → 0.8 MPa 또는 조정압력 1.5 배 이상 중 높은 압력

- 기밀시험

종류별 압력에서 1분간 실시

조정기 종류	입구압력 (MPa)	조정압력 (kPa)
1단감압식 저압조정기	1.56 MPa 이상	5.5 kPa
1단감압식 준저압조정기	1.56 MPa 이상	조정압력의 2배 이상
2단감압식 1차용 조정기	1.8 MPa 이상	0.15 MPa 이상
2단감압식 2차용 저압조정기	0.5 MPa 이상	5.5 kPa
2단감압식 2차용 준저압조정기	0.5 MPa 이상	조정압력의 2배 이상
자동절체식 일체형저압조정기	1.8 MPa 이상	5.5 kPa
자동절체식 일체형준저압조정기	1.8 MPa 이상	조정압력의 2배 이상
그 밖의 압력 조정기	최대입구압력의 1.1배 이상	조정압력의 1.5배 이상

- 조정기 최대 폐쇄압력

1단감압식 저압조정기 2단감압식 2차용 저압조정기 자동절체식 일체형저압조정기	3.5 kPa 이하
2단감압식 1차용 조정기 자동절체식 분리형조정기	95 kPa 이하

■ 방류둑 설치 기준

독성가스	5톤 이상
가연성가스	500톤 이상
산소	1,000톤 이상
LPG	1,000톤 이상
암모니아 액화가스	1만톤 이상
액화질소	무독성가스로 방류둑 불필요

- 고압 : 1 MPa 이상의 압력
- 중압
  ① 0.1 MPa 이상, 1 MPa 미만의 압력
  ② 액화가스가 기화되고 다른 물질과 혼합되지 않은 경우 : 0.01 MPa 이상, 0.2 MPa 미만
- 저압 : 0.1 MPa 미만의 압력
- 액화가스 : 섭씨 35도에서 압력이 0.2 MPa 이상이 되는 것
- 처리능력 : 처리설비 또는 감압설비에 따라 압축·액화 또는 그 밖의 방법으로 1일 처리할 수 있는 도시가스 양
- 도시가스 종류

천연가스	지하에서 생성되는 가연성 가스로서 메탄을 주성분으로 하는 가스
석유가스	석유가스를 공기와 혼합하여 제조한 가스
나프타부생가스	나프타 분해공정 과정에서 부산물로 생성되는 가스
바이오가스	바이오매스로부터 생성된 기체를 정제한 가스

■ 특정가스 사용시설

- 월 사용예정량 2,000 m^3 이상인 가스사용시설
- 월 사용예정량 2,000 m^3 미만인 가스사용시설 중 많이 이용하는 시설로서 안전관리를 위하여 필요하다고 인정하여 지정하는 가스사용시설

■ 도시가스 도매사업의 가스공급시설 기준

- 액화천연가스 저장설비와 처리설비는 그 외면으로부터 사업소경계까지 다음 식에 따라 얻은 거리 이상을 유지할 것

$$L = C \times \sqrt[3]{143{,}000\,W}$$

L : 유지하여야 하는 거리 (m)
C : 저압지하식 저장탱크는 0.24,
  그 밖의 가스저장설비와 처리설비는 0.576
W : 저장능력

- 액화석유가스 저장설비와 처리설비는 외면으로부터 보호시설까지 30 m 이상 유지
- 가스공급시설은 외면으로부터 화기 취급 장소까지 8 m 이상 우회거리 유지
- 고압 가스공급시설은 안전구획 안에 설치하고 그 안전구역 면적은 20,000 m^2 미만
- 안전구역 안의 고압인 가스공급시설은 그 외면으로부터 다른 안전구역 안에 있는 시설까지 30 m 이상 유지
- 액화천연가스의 저장탱크는 그 외면으로부터 처리능력이 200,000 m^3 이상인 압축기까지 30 m 이상의 거리 유지
- 저장탱크와 다른 저장탱크 또는 가스홀더와의 사이에는 두 저장탱크 최대 지름을 더한 길이의 4분의 1 이상에 해당하는 거리 유지
- 액화가스 저장탱크의 저장능력이 500톤 이상인 것의 주위에는 액상의 가스가 누출된 경우 그 유출 방지 위한 조치를 마련할 것
- 물분무장치는 매월 1회 이상 작동 확인
- 긴급차단장치는 1년에 1회 이상 검사 실시
- 제조소 및 공급소에 설치된 가스누출경보기는 1주일에 1회 이상 점검
- 정압기는 설치 후 2년에 1회 이상 분해점검

- **가스도매사업 도시가스 공급 배관 기준**
  - 배관매설 기준

배관 매설 위치	이격거리	이격 위치
지하 매설 배관	1 m	산이나 들
	1.2 m	그 밖의 지역
배관의 외면	1 m	도로 경계 수평
	0.3 m	다른 시설물
시가지 도로 노면 밑 배관	1.5 m	노면
방호구조물 내 배관	1.2 m	
시가지 외 도로 노면 밑 매설 배관	1.2 m	
포장되어 있는 차도 매설 배관	0.5 m	노반의 최하부
노면 외의 도로 밑 매설 배관	1.2 m	지표면
방호구조물 내 배관	0.6 m	
철도부지 매설 배관	4 m	궤도 중심
	1 m	철도부지 경계
	1.2 m	지표면
하천 밑 횡단 매설 배관	4 m	계획하상높이
중압 이하 배관	2 m	고압배관

  - 배관 외부에 사용가스명, 최고사용압력 및 가스의 흐름방향 표시

- **일반도시가스사업 도시가스 공급 배관 기준**
  - 점검 기준

정압기 설치 후	2년에 1회 이상 분해점검
	1주일에 1회 이상 작동상황 점검
필터 가스공급개시 후	1개월 이내 및 매년 1회 이상 분해점검

  - 입상관 밸브는 분리가 가능한 것으로 바닥으로부터 1.6 m 이상 2 m 이내 설치

- 배관 고정장치

관지름 13 mm 미만	1 m 마다
관지름 13 mm 이상 ~ 33 mm 미만	2 m 마다
관지름 33 mm 이상	3 m 마다

- 배관 이음매와의 이격거리

배관의 이음매	60 cm	전기계량기 및 전기개폐기
	15 cm	전기점멸기 및 전기접속기
	10 cm	절연전선
	15 cm	절연조치를 하지 않은 전선 및 단열조치를 하지 않은 굴뚝

- 배관 매설 기준

공동주택 등의 부지 안	0.6 m 이상
폭 8 m 이상의 도로	1.2 m 이상
폭 4 m 이상 8 m 미만인 도로	1 m 이상

- 제조시설 및 공급소 시설 배치기준

가스혼합기·가스정제설비·배송기·압송기 그 밖에 가스공급시설 부대설비		3 m 이상	사업장 경계
최고사용압력이 고압인 것		20 m 이상	사업장 경계
		30 m 이상	제1종 보호시설
가스발생기와 가스홀더	최고사용압력 고압	20 m 이상	사업장 경계
	최고사용압력 중압	10 m 이상	
	최고사용압력 저압	5 m 이상	

- **가스사용시설 기준**
  - 압력조정기는 1년에 1회 이상 안전점검 실시
  - 정압기에는 안전밸브와 가스방출관 설치
  - 가스방출관 방출구는 주위 불 등이 없는 안전한 위치로 지면부터 5 m 이상 높이 설치
    ⇒ 전기시설물과 접촉으로 사고의 우려가 있는 장소는 3 m 이상 설치 가능
  - 가스보일러 온수기 설치 기준
    ① 전용보일러에 설치할 것
    ② 배기통 재료는 스테인리스 강판이나 배기가스 및 응축수에 내열·내식성이 있을 것
    ③ 목욕탕이나 환기가 잘되는 곳에 설치할 것
    ④ 시공자는 시공 시설에 대해 관련 정보를 기록한 시공 표지판을 부착할 것
    ⑤ 시공자는 시공확인서를 작성하여 5년간 보존할 것
  - 도시가스사용시설 월사용 예정량 산출식

    $$Q = \frac{(A \times 240) + (B \times 90)}{11,000}$$

    Q : 월 사용예정량 (m³)
    A : 산업용으로 사용하는 연소기의 명판에 적힌 가스소비량 합계 (kcal/h)
    B : 산업용이 아닌 연소기의 명판에 적힌 가스소비량 합계 (kcal/h)

- **도시가스 유해성분 압력 측정**
  (1) 가스홀더의 출구·정압기 출구 및 가스공급시설 끝부분 배관에서 자기압력계를 사용
  (2) 정압기 출구 및 가스공급시설 끝부분의 배관에서 측정한 가스압력 : kPa 이상 2.5 kPa 이내 유지

■ 웨베지수

도시가스 열량과 비중 계산식

$$WI = \frac{Hg}{\sqrt{d}}$$

WI : 웨베지수
Hg : 도시가스 총발열량(kcal/m^3)
d : 도시가스 공기에 대한 비중

■ 유해성분 측정

- 도시가스 황전량, 황화수소 및 암모니아는 매주 1회씩 가스홀더 출구에서 연소가스 특수성분 분석방법에 따른 분석방법에 따라 검사할 것
- 도시가스 유해성분 양 [0 ℃, 101,325 Pa 압력에서 건조한 도시가스 1 m^{3}당]

황전량	0.5 g
황화수소	0.02 g
암모니아	0.2 g

■ 도시가스 충전시설 기준

- 고정식 압축도시가스 자동차 충전시설
  ① 처리설비 및 압축가스설비로부터 30 m 이내 보호시설 : 주위에 도시가스 폭발에 따른 충격을 견딜 수 있는 철근콘크리트제 방호벽 설치
  ② 충전설비 : 도로경계까지 5 m 이상 거리 유지
  ③ 저장설비·처리설비·압축가스설비·충전설비 : 철도까지 30 m 이상 유지
  ④ 저장설비·처리설비·압축가스설비·충전설비 : 사업소경계까지 10 m 이상 유지
  ⑤ 처리설비 및 압축가스설비 주위 철근콘크리트제 방호벽 설치 : 5 m 이상 유지
  ⑥ 저장능력 5 톤 또는 500 m^3 이상인 저장탱크 및 압력용기 : 지진발생 시 저장탱크 보호를 위해 내진성능 확보를 위한 조치

⑦ 5 m³ 이상의 도시가스를 저장하는 것에는 가스방출장치 설치
⑧ 배관은 안전율이 4 이상이 되도록 설계
⑨ 가스충전시설 : 충전설비 근처 및 충전설비로부터 5 m 이상 떨어진 장소에서 긴급 시 도시가스 누출을 차단할 수 있는 조치를 할 것

- 이동식 압축도시가스 자동차 충전 기준

가스배관구		가스배관구	3 m 이상 유지
이동충전차량	↔	충전설비	8 m 이상 유지
이동충전차량 및 충전설비		철도	15 m 이상 유지
사업소에서 주정차 또는 충전작업을 하는 이동충전차량 설치 : 3대 이하			

- 고정식 압축도시가스 이동충전차량 충전 기준
  ① 압축장치와 이동충전차량 충전설비 사이 : 방호벽 설치
  ② 압축가스설비와 이동충전차량 충전서비 사이 : 방호벽 설치
  ③ 이동충전차량 충전설비 : 이동충전차량 진입구 및 진출구까지 12 m 이상 유지
  ④ 이동충전차량의 사업소 외에서 이동충전차량에 충전 금지

- 액화도시가스 자동차 충전
  ① 저장능력과 사업소 경계까지의 안전거리

저장탱크 저장능력 (W) [W = 0.9 V]	사업소 경계와 안전거리
25 톤 이하	10 m
25 톤 초과 50 톤 이하	15 m
50 톤 초과 100 톤 이하	25 m
100 톤 초과	40 m

  ② 처리설비 및 충전설비와 사업소 경계까지의 안전거리 : 10 m
  ③ 처리설비 및 충전설비 주위 방호벽 설치 시 사업소 경계까지의 안전거리 : 5 m 이상

- **충전용기 부식여유 두께 수치**

암모니아	1,000 L 이하	1 mm 이상
	1,000 L 초과	2 mm 이상
염소	1,000 L 이하	3 mm 이상
	1,000 L 초과	5 mm 이상

- **허용응력 및 스케줄 번호 (배관 두께)**
  - 허용응력 $S\,(kg/mm^2)$ = 인장강도 (kg/mm^2) / 안전율
  - 스케줄 번호 $Sch\,No = 10 \times (P/S)$

- **고압가스 운반 차량 경계표지**
  - 위험고압가스 표시 필수
  - 경계표지 크기 (직사각형)

가로	세로	면적
차체폭의 30 % 이상	가로치수의 20 % 이상	면적 $600\,m^2$ 이상

  - 용기에 가스를 충전하거나 저장탱크 또는 용기 상호 간 경계표지
  - 가스 이 · 충전 작업 시 고압가스설비 주변에 경계표지

- **배관의 표지판**
  - 지하에 설치된 배관 : 500 m 이하
    지상에 설치된 배관 : 1,000 m 이하
  - 표지판에 고압가스 종류, 설치 구역명, 배관 설치 위치, 회사명 및 연락처, 신고처 기재

- **독성가스 식별조치 및 위험표시**
  - 독성가스 표시 기준

가스명칭 색	식별표지	문자의 크기
적색	• 바탕색 : 백색 • 글씨 : 흑색	• 가로・세로 : 10 cm 이상 • 30 m 이상 떨어진 곳에서 알아볼 수 있어야 함

  - 독성가스 위험표지

다른 법령에 의한 지시사항 병기 가능	위험표지	문자의 크기
다른 법령에 의한 지시사항 병기 가능	• 바탕색 : 백색 • 글씨 : 흑색 • 주의 : 적색	• 가로・세로 : 5 cm 이상 • 10 m 이상 떨어진 곳에서 알아볼 수 있어야 함

  - 경계책
    ① 경계책 안에는 화기, 발화 물질을 휴대하고 들어가면 안 됨
    ② 저장설비・처리설비 및 감압설비 설치 장소주위에는 높이 1.5 m 이상의 철책 또는 철망 등의 경계책 설치
  - 누출 가연성가스 유동방지 시설 기준
    ① 유동 방지 시설 : 높이 2 m 이상의 내화벽
    ② 가스설비와 화기를 취급하는 장소 : 8 m 이상 우회거리 유지
    ③ 건축물 개구부 : 방화문 또는 망입유리 사용
    ④ 사람이 출입하는 출입문 : 2중문
  - 자동차 용기 충전시설 "화기엄금" 표지 : 백색 바탕, 적색 문자

- **가스설비 내진 설계기준**
  - 적용 기준
    ① 고압가스안전관리법에 적용되는 5톤 또는 500 m^3 이상의 저장탱크 및 압력용기, 지지구조물 및 기초와 이것들의 연결부
    ② 세로방향으로 설치한 동체 길이가 5 m 이상인 원통형 응축기 및 내용적 5,000 L 이상인 수액기, 지지구조물 및 기초와 이것들의 연결부

- 용어

내진 특등급	사회의 정상적인 기능 유지에 심각한 지장을 초래할 수 있는 것
내진 1등급	공공의 생명과 재산에 막대한 피해를 초래할 수 있는 것
내진 2등급	공공의 생명과 재산에 경미한 피해를 초래할 수 있는 것
제1종 독성가스	염소, 시안화수소, 이산화질소, 불소, 포스겐과 허용 농도 1 ppm 이하
제2종 독성가스	염화수소, 삼불화붕소, 이산화유황, 불화수소, 브롬화메틸, 황화수소와 허용농도 1 ppm 초과 10 ppm 이하
제3종 독성가스	제1종 및 제2종 독성가스 이외의 것

■ 고압가스 안전설비

- 긴급이송설비에 부속된 처리설비 처리방법
  ① 벤트스택에서 안전하게 방출시킬 수 있어야 함
  ② 플레어스택에서 안전하게 연소시킬 수 있어야 함
  ③ 독성가스는 제독조치 후 안전하게 폐기
  ④ 안전한 장소에 설치되어 저장탱크 등에 임시 이송할 수 있어야 함

- 벤트스택
  ① 독성가스는 제독조치 후 방출
  ② 방출구 위치 (작업원이 통행하는 장소로부터 기준)

긴급벤트스택	일반
10 m 이상	5 m 이상

- 플레어스택
  ① 설치 위치 : 바로 밑 지표면에 미치는 복사열이 $4,000 \text{ kcal/m}^2 \cdot \text{hr}$ 이하
  ② 구조 : 이송된 가스를 연소시켜 대기로 안정하게 방출시키도록 조치
  ③ 파일럿버너 또는 항상 작동할 수 있는 자동점화장치 설치
  ④ 역화 및 공기 등과의 혼합폭발 방지조치

■ 가스누출 검지경보장치 설치기준
  • 성능
    ① 설치장소, 주위 분위기 온도에 따라 가연성가스는 폭발한계의 1/4이하, 독성가스는 허용농도 이하로 할 것 ⇒ 암모니아는 50 ppm 이하
    ② 경보기 정밀도 경보농도 설정치

가연성가스	독성가스
± 25 % 이하	± 30 % 이하

    ③ 검지경보장치 검지에서 발신까지 걸리는 시간

경보농도의 1.6배농도	암모니아, 일산화탄소
30초 이내	60초 이내

  • 구조
    ① 충분한 강도를 가지며 취급 및 정비가 쉬울 것
    ② 가스 접촉부는 내식성 또는 충분한 부식방지 처리 재료 사용
    ③ 가연성가스 검지경보장치는 방폭성능을 가질 것
  • 검지경보장치 검출부 설치장소 및 개수

건축물 내에 설치된 압축기, 펌프, 저장탱크, 감압설비, 판매시설	가스가 누출하여 체류하기 쉬운 곳에 바닥면 둘레 10 m당 1개 이상
건축물 밖에 설치된 고압가스설비	가스가 누출하여 체류하기 쉬운 곳에 바닥면 둘레 20 m당 1개 이상
특수 반응설비	가스가 누출하여 체류하기 쉬운 곳에 바닥면 둘레 10 m당 1개 이상
방류둑 내에 설치된 저장탱크	저장탱크마다 1개 이상

■ 방폭전기기기 분류

방폭전기기기 분류	특징	표시방법
내압방폭구조	방폭전기기기의 용기 내부에서 가연성가스 폭발이 발생할 경우 인화되지 않도록 한 구조 (1종 장소)	d
유입방폭구조	절연유를 주입하여 인화되지 않도록 한 구조	o
압력방폭구조	보호가스 (불활성가스)를 압입하여 내부압력을 유지 하며 가연성가스가 용기 내부로 유입되지 않도록 한 구조	p
안전증방폭구조	정상운전 중 가연성가스 점화원 발생 방지 위해 기계적·전기적 구조·온도상승 안전도를 증가시킨 구조	e
본질안전방폭구조	정상 시 및 사고 시에 발생하는 전기불꽃에 의해 가연성가스가 점화되지 않도록 한 구조 (0종 장소)	ia, ib
특수방폭구조	방폭구조로서 가연성가스에 점화를 방지할 수 있는 것이 확인된 구조 (2종 장소)	s

■ 위험장소 분류

0종 장소	상용상태에서 가연성가스 농도가 연속해서 폭발하한계 이상으로 되는 장소
1종 장소	상용상태에서 가연성가스가 체류하여 위험하게 될 우려가 있는 장소
2종 장소	밀폐된 용기 또는 설비 내에 가연성가스가 그 용기 또는 설비 사고로 인해 파손되거나 오조작의 경우에만 누출할 위험이 있는 장소

■ 정전기 제거기준

- 탑류, 저장탱크, 열교환기, 벤트스택 등은 단독으로 정전기 제거조치
- 벤딩용 접속선 및 접지접속선 : 단면적 5.5 mm^2 이상 사용
- 접지저항치 : 총합 100 Ω 이하
  ⇒ 피뢰설비를 설치한 것은 총합 10 Ω 이하

■ 통신시설

사업소 내 긴급사태 발생시 신속한 연락을 위한 통신시설 구비

통신범위	구비 통신설비
사업소 내 전체	1. 구내방송설비　2. 사이렌 3. 휴대용 확성기　4. 페이징설비 5. 메가폰
안전관리자 상주 사업소와 현장사업소 사이 또는 현장사무소 상호 간	1. 구내전화　　　2. 구내방송설비 3. 인터폰　　　　4. 페이징설비
종업원 상호 간	1. 페이징설비　　2. 휴대용 확성기 3. 트랜시버　　　4. 메가폰

■ 제독제

가스	제독제
염소	• 가성소다수용액　• 탄산소다수용액 • 소석회
포스겐	• 가성소다수용액　• 소석회
황화수소	• 가성소다수용액　• 탄산소다수용액
시안화수소	가성소다수용액
아황산가스	• 가성소다수용액　• 탄산소다수용액 • 물
암모니아, 산화에틸렌, 염화메탄	다량의 물

■ 보호구 종류

- 공기호흡기 또는 송기식 마스크
- 방독마스크
- 보호장갑 및 보호장화

■ 고압가스 설비 및 배관 두께 산정 기준

상용압력의 2배 이상 압력에서 항복을 일으키지 않는 고압가스 설비 및 두께로 산정

■ 용 어

전기방식	배관 외면에 전류 유입시켜 양극반응 저지함으로써 부식 방지
희생양극법	지중·수중 설치된 양극금속과 매설배관을 전선 연결하여 양극금속과 매설배관 등 사이의 전지작용에 의해 전기적 부식 방지
외부전원법	외부직류전원장치 양극(+)은 토양이나 수중 설치한 외부전원용 전극에 접속, 음극(-)은 매설배관에 접속시켜 전기적 부식 방지
배류법	매설배관 전위가 주위 다른 금속구조물 보다 높은 장소에서 전기적 접속시켜 유입된 누출전류를 복귀시키며 전기적 부식 방지

■ 전기방식시설 시공

- 유지관리를 위해 전위측정용 터미널 설치
  ① 희생양극법·배류법 : 배관길이 300 m 이내 간격
  ② 외부전원법 : 배관길이 500 m 이내 간격
- 교량 및 횡단배관 양단부
  ① 외부전원법 및 배류법에 의해 설치된 것으로 횡단길이 500 m 이하 배관 제외
  ② 희생양극법에 의해 설치된 것으로 횡단길이 50 m 이하 배관 제외
- 전기방식전류가 흐르는 상태에서 토양에 있는 배관의 방식전위 포화황산동 기준전극으로 -5 V 이상, -0.85 V 이하일 것
- 전기방식전류가 흐르는 상태에서 자연전위와 전위변화 : 최소 -300 mV 이하일 것
- 전기방식시설의 관대지전위 : 1년에 1회 이상 점검
- 외부전원법에 의한 전기방식시설 외부전원점 관대지전위, 정류기 출력, 전압, 전류 : 3개월에 1회 이상 점검

- **자동차연료장치 구조 기준**
  - 용기 : 보기 쉬운 위치에 "자동차용" 표시
  - 용기밸브 및 안전밸브 : 용기 최고충전압력에 대해 내압성능 가질 것
  - 안전밸브로부터 방출된 가스 : 외부 안전한 장소로 방출될 수 있을 것
  - 밀폐된 곳에 용기를 격납하는 경우 : 안전밸브에서 분출되는 가스를 차 밖으로 방출 가능할 것
  - 상용압력의 1.5 배 이상 내압성능을 가질 것
  - 사용압력 이상에서 기밀성능을 가질 것
  - 감압밸브
    ① 상용압력의 1.5 배 이상 내압성능 가질 것
    ② 상용압력 이상에서 기밀성능 가질 것
  - 배관 및 접합부 : 최소 60 cm마다 차체에 고정하여 충격 및 진동으로부터 보호할 것
  - 배관 및 접합부
    ① 상용압력 1.5 배 이상의 내압성능을 가질 것
    ② 상용압력 이상에서 기밀성능을 가질 것
  - 용기 : 배기판 및 소음기로부터 10 cm 이상 떨어진 곳에 부착할 것
  - 적당한 방열조치가 설치된 당해 용기 및 용기부속품 : 4 cm 이상 떨어진 곳에 부착
  - 용기
    ① 불꽃 발생 가능성이 있는 노출된 전기단자 및 전기개폐기로부터 20 cm 이상
    ② 배기판 출구로부터 30 cm 이상
  - 주밸브
    ① 자동차 후단부로부터 30 cm 이상
    ② 자동차 외측으로부터 20 cm 이상

■ 용어

위험성평가기법 : 사업장 내에 존재하는 위험에 대해 위험성을 평가하는 방법

종류	영문약자	특징
체크리스트	-	공정 및 설비 오류, 결함상태, 위험상황을 목록화한 형태로 작성하여 경험적 비교로 위험성을 정성적으로 파악하는 기법
결함수분석	FTA	사고를 일으키는 장치 이상이나 운전사 실수 조합을 연역적으로 분석하는 기법
이상위험도분석	FMECA	공정 및 설비 고장 형태 및 영향, 고장형태별 위험도 순위를 결정하는 기법
위험과운전 분석	HAZOP	공정에 존재하는 위험 요소와 공정 효율을 떨어뜨릴 수 있는 운전상의 문제점을 찾아 원인 제거 기법
사건수분석	ETA	초기사건으로 알려진 특정 장치 이상이나 운전자 실수로부터 발생하는 잠재적 사고결과 평가 기법
원인결과분석	CCA	잠재된 사고 결과와 근본적 원인을 찾아내고 결과와 원인의 상호관계를 예측·평가하는 기법
작업자 실수분석	HEA	설비 운전원, 정비보수원, 기술자 등의 작업에 영향을 미칠 요소를 평가하여 실수 원인을 파악 및 추적으로 상대적 순위를 결정하는 기법
사고예상질문분석	WHAT-IF	공정에 잠재하며 원하지 않는 나쁜 결과를 초래할 수 있는 사고에 대해 예상질문을 통해 사전 확인함으로써 위험을 줄이는 방법을 제시하는 기법
예비위험분석	PHA	공정 또는 설비에 관한 상세 정보를 얻을 수 없는 상황에서 위험물질과 공정 요소에 초점을 두어 초기위험을 확인하는 기법
공정위험분석	PHR	기존설비 또는 안전성향상계획서를 제출·심사받은 설비에 대하여 설비 설계·건설·운전 및 정비 경험을 바탕으로 위험성 분석하는 방법
상대위험순위결정	-	설비 존재 위험에 대해 수치적으로 상대위험순위를 지표화하여 피해 정도를 나타내는 상대적 위험 순위를 정하는 안전성평가기법

- **내압시험**
  - 공기 등의 기체 압력에 의해 하는 경우
    상용압력의 50 %까지 승압 후 상용압력의 10 %씩 단계적으로 승압하여 내압시험압력에 달하였을 때 누설 등의 이상이 없으며, 압력을 내려 상용압력으로 사였을 때 팽창, 누설 등의 이상이 없을 시 합격
  - 내압시험 종사 인원수 : 작업에 필요한 최소인원으로 함
  - 밸브몸통 : 2.6 MPa 이상 압력으로 2분간 유지하며 누출 또는 변형이 없을 것

- **기밀시험**
  - 원칙적으로 공기 또는 위험성 없는 기체 압력에 의해 실시할 것
  - 설비가 취성 파괴를 일으킬 우려가 없는 온도에서 할 것
  - 상용압력 이상으로 하나, 0.7 MPa를 초과할 시 0.7 MPa 이상으로 실시
  - 밸브시트 기밀시험 : 2.7 MPa 압력으로 1분간 유지하며 누출이 없을 것

- **안전밸브 작동시험**

  2.0 MPa 이상 2.2 MPa 이하에서 작동하여 분출되며, 1.7 MPa 이하는 분출이 정지될 것

- **아세틸렌 충전용기**
  - 다공질물의 다공도 : 75 % 이상 92 % 미만
  - 다공질물의 다공도 : 다공질물 용기 충전 상태로 온도 20 ℃에서 측정

- **단열성능시험 및 기밀시험**
  - 시험용 가스 : 액화질소, 액화산소, 액화아르곤을 사용하여 실시
  - 시험 시 충전량 : 충전 후 기화가스량이 거의 일정하게 되었을 때, 시험용 가스 용적이 초저온용기 내용적의 1/3 이상 1/2 이하가 되도록 충전할 것

■ **재시험**

단열성능시험에 합격하지 않은 초저온용기 : 단열재 교체 후 재시험 실시

■ **초저온용기 기밀시험**
- 외동, 단열재, 밸브를 부착한 상태로 실시
- 최고 충전압력의 1.1배 압력으로 실시
- 초저온용기를 상온까지 가열 후 공기 또는 가스로 기밀시험압력 이상이 되도록 하여 30분 이상 방치 후 압력계 지침 변화에 의해 "누출유무" 확인 후 이상이 없으면 합격

■ **표시방법 기준**
- 문자 색상

가스 종류	문자 색상	
	공업용	의료용
액화석유가스	적색	-
아세틸렌	흑색	-
액화암모니아		-
액화염소	백색	-
수소		-
산소		녹색
액화탄산가스		백색
질소		
아산화질소		
헬륨		
에틸렌		
사이클로프로판		

- 가연성 및 독성가스에 표시하는 "연", "독" 자는 적색, 수소는 백색으로 할 것

■ 물분부장치

- 적용시설

  가연성가스저장탱크가 상호 인접한 경우 또는 산소저장탱크와 인접된 경우 상호 이격 거리가 1 m 혹은 저장탱크 최대 직경의 1/4 중 큰 거리를 유지하지 못했을 때 적용

- 설치기준

  산소탱크와 가연성가스 탱크 상호 인접 시

구분	노출된 경우	내화구조	준내화구조
물분무장치 탱크 표면적 $1\ m^2$ 당 분사량	8 L/min	4 L/min	6.5 L/min
소화전 1개당 설치할 저장탱크 표면적	$30\ m^2$	$60\ m^2$	$38\ m^2$

  가연성가스탱크와 가연성가스탱크 상호 인접 시

구분	노출된 경우	내화구조	준내화구조
물분무장치 탱크 표면적 $1\ m^2$ 당 분사량	7 L/min	2 L/min	4.5 L/min
소화전 1개당 설치할 저장탱크 표면적	$35\ m^2$	$125\ m^2$	$55\ m^2$

- 소화전

  ① 위치 : 40 m 이내

  ② 호스끝수압 : 0.35 MPa 이상

  ③ 방수능력 : 400 L/min

  ④ 수원 : 최대수량 30 분 이상 연속 방사 수원

  ⑤ 조작위치 " 저장 탱크 외면 15 m 이상 떨어진 곳

- **저장탱크 내열구조 및 냉각살수장치**
  - 살수장치 구분

구분	내화구조 저장탱크	준내화구조 저장탱크
물분무장치 탱크 표면적 1 m² 당 분사량	5 L/min	2.5 L/min
소화전 1개당 설치할 저장탱크 표면적	40 m²	85 m²

  - 소화전
    ① 위치 : 40 m 이내
    ② 호스끝수압 : 0.25 MPa 이상
    ③ 방수능력 : 350 L/min
    ④ 수원 : 최대수량 30 분 이상 연속 방사 수원
  - 높이 1 m 이상 지주 : 50 mm 이상 내화 콘크리트 피복 또는 분무장치 또는 소화전을 지주에 대해 살수할 것
  - 매월 1회 이상 작동상항 점검 후 기록할 것

- **방류둑 기준**
  - 저장탱크 내 액화가스가 액체상태로 유출되는 것을 방지하기 위해 설치
  - 저장탱크 저부가 지하에 있으며 주위 피트상 구조로인 것으로 그 용량 이상일 것

- **설치 적용 범위**
  - 고압가스 제조시설의 가연성 및 산소 액화가스 저장능력 : 1,000 톤 이상
  - 독성가스 저장능력 : 5 톤 이상
  - 냉동제조시설 독성가스를 냉매로 사용하는 수액기 내용적 : 10,000 L 이상
  - 액화석유가스 저장시설 LPG 저장능력 : 1,000 톤 이상
  - 도시가스시설 중 가스도매사업에서 LPG 저장능력 : 500 톤 이상
  - 일반도시가스 : 1,000 톤 이상

- **방류둑 용량**
  - 저장탱크 저장능력에 상당하는 용적 이상으로 할 것
  - 액화산소는 저장능력의 상당 용량의 60 % 이상으로 할 것

- **방류둑 구조 및 기준**
  - 재료 : 철근콘크리트, 금속, 흙 또는 이를 혼합한 액밀한 구조
  - 액 체류 표면적 : 가능한 한 적게
  - 배관관통부 틈새로부터 누설방지 및 방식조치
  - 금속재료 : 부식되지 않게 방식 및 방청조치
  - 방류둑 내 고인 물을 배출하기 위한 배수조치
  - 가연성과 독성, 가연성과 조연성 액화가스 방류둑은 혼합배치하지 말 것
  - 방류둑 내면과 외면으로부터 10 m 이내 : 저장 탱크 부속설비 이외의 것은 설치 금지
  - 성토 : 수평에 대해 45° 이하 구배를 가지고 성토 정상부 폭은 30 cm 이상
  - 방류둑 계단 및 사다리 : 출입구 둘레 50 m 마다 1개 이상 설치
    ⇒ 둘레 50 m 미만 : 2개소 이상 분산 설치

- **지상 노출 배관**
  - 방호철판에 의한 방호구조물

크기	두께
1 m 이상	4 mm 이상

  - 철근콘크리트재 방호구조물

크기	두께
1 m 이상	10 cm 이상

- **배관 지하 매설**
  - 지면으로부터 최소 1 m 이상 깊이에 매설

- 차량 교통량이 많은 횡단부 지하 : 지면으로부터 1.2 m 이상의 깊이에 매설
- 철도 횡단부 지하 : 지면으로부터 1.2 m 이상 깊이에 매설

■ **잔가스 제거장치**

- 압축기 : 유분리기 및 응축기가 부착되어있으며 0 MPa 이상 0.05 MPa 이하에서 작동
- 액송용 펌프 : 잔류가스에 포함된 이물질을 제거할 수 있는 스트레이너 부착
- 회수한 잔가스 저장을 위한 전용 저장탱크 기준

저장탱크 내용적	1,000 L 이상
압축기 사용	가목에서 규정하는 저장탱크 2기 이상 설치
열교환기 사용	당해 열교환기가 분리탱크 기능 만족시킬 경우 ⇒ 1기 가능

■ **가스용 폴리에틸렌관 설치기준**

- 관 : 매몰하여 시공
- 지상배관 연결 위해 금속관 사용 : 보호조치 후 지면에서 30 cm 이하 노출 시공 가능
- 관의 굴곡허용반경 : 외경의 20 배 이상
- 굴곡반경이 외경의 20 배 미만일 경우 : 엘보 사용

■ **가스보일러 설치기준**

- 바닥설치형 가스보일러 : 하중에 견디는 구조의 바닥면 위에 설치
- 벽걸이형 가스보일러 : 하중에 견디는 구조의 벽면에 견고하게 설치

• 기준

가스보일러	• 가연성 물질, 인화성 물질 취급 장소 아닐 것 • 전용보일러실에 설치 • 지하실 또는 반지하실에 설치 금지 • 내열실리콘 등으로 마감조치하여 기밀 유지
밀폐식 보일러	• 환기가 잘 안될 것 • 배기가스 누출 시 질식 우려 있는 곳 설치금지 • 반지하실 설치 가능
가스보일러의 가스접속배관	• 금속배관 호스 사용 • 가스용 금속플렉시블 호스 사용
가스보일러 설치·시공자	• 설치시공확인서를 작성하여 5년간 보존

배기통	• 재료
	  ① 스테인리스강관
	  ② 배기가스 및 응축수 내열·내식성 있는 것
	• 가연성 벽 통과 부분 : 반화조치
	• 호칭지름 : 보일러 배기통 접속부 지름과 동일

■ 반밀폐식 보일러 급배기설비 설치기준

• 자연배기식 [단독배기통방식, 복합배기통방식, 공동배기방식]

단독배기통방식	복합배기통방식
• 배기통 굴곡수는 4개 이하일 것 • 배기통 입상높이는 10 m 이하일 것 • 10 m 초과일 시에는 보온조치 할 것 • 배기통 끝은 옥외로 뽑아낼 것 • 배기통 가로 길이는 5 m 이하일 것 • 배기통 앞끝의 기울기가 없도록 할 것 • 배기통 위치는 풍압대를 피해 바람이 잘 통하는 곳일 것 • 급기구 및 상부환기구 유효단면적은 배기통 단면적 이상일 것	• 동일 실내에서 벽면 상태 등에 의해 각각의 배기통을 설치할 수 없는 경우에 한하여 사용할 것 • 자연배기식 경우에만 사용할 것 • 연결하는 보일러 수는 2대에 한할 것 • 배기통 단면적은 보일러 접속부 단면적 이상일 것 • 보일러 단독배기통은 보일러 접속부로부터 300 mm 이상일 것 • 공용부 접속부는 250 mm 이상일 것

공동배기방식

- 굴곡 없이 수직으로 설치할 것
- 동일층에서 공동배기구로 연결되는 보일러 수는 2대 이하일 것
- 재료는 내열·내식성이 좋을 것
- 최하부에 청소구와 수취기 설치할 것
- 공동배기구 및 배기통에는 방화댐퍼를 설치하지 않을 것
- 배기통 접속부 ~ 배기통 하단부까지 높이 30 cm 이상 60 cm 미만 : 배기통 수평길이를 1 m 이하로 할 것
- 배기통 접속부 ~ 배기통 하단부까지 높이 60 cm 이상 : 배기통 수평길이를 5 m 이하로 할 것
- 공동배기구와 배기통의 접속부는 기밀을 유지할 것
- 공동배기구톱은 풍압대 밖에 있을 것
- 배기통 유효단면적은 보일러 배기통 접속부 유효단면적 이상일 것
- 옥상·지붕면에서 공동배기구톱 개구부하단의 수직높이 : 1.5 m 이상일 것
- 급기 또는 배기형식이 다른 보일러는 함께 접속하지 않을 것

- 강제배기식 [단독배기방식]
  ① 배기통 유효단면적은 보일러 또는 배기팬의 배기통 접속부 유효단면적 이상일 것
  ② 배기통톱 전방·측변·상하주위 60 cm 이내에 가연물이 없을 것
  ③ 배기통톱 개기구로부터 60 cm 이내 배기가스가 실내로 유입할 우려가 없을 것

- 밀폐식 보일러 급·배기설비 설치 일반사항
  ① 옥외에 물고임 등이 없을 정도의 기울기일 것
  ② 주위에 장애물이 없을 것
  ③ 최대연장길이는 바깥벽에 설치할 것
  ④ 눈내림 구역에 설치할 경우 주위에 적설 처리 가능한 구조일 것

- 자연 급·배기 외벽식
  충분히 개방된 옥외 공간에 벽외부로 나오도록 설치하도록 설치하되 수평으로 할 것

- **가스누설 경보차단장치 구분**

종류	사용압력
저압용	0.01 MPa 미만
준저압용	0.01 MPa ~ 0.1 MPa 미만
중압용	0.1 MPa 이상

- **경보차단장치 기밀시험**

구분		시험압력
저압용	내부누출	8.4 MPa 이상
	외부누출	0.035 MPa 이상
준저압용		0.15 MPa 이상
중압용		1.8 MPa 이상

[개정2판] 모아 가스기능사 퀵마스터 (필기+실기)

발행일	2023년 2월 2일 개정2판 1쇄
지은이	오민정
발행인	황모아
발행처	(주)모아팩토리
주 소	서울특별시 영등포구 영신로 32길 29 세화빌딩 2층
전 화	02) 2068-2851~2
팩 스	02) 2068-2881
등 록	제2015-000006호 (2015.1.16.)
이메일	moate2068@hanmail.net
누리집	www.moate.co.kr
ISBN	979-11-6804-125-7(13570)

이 책의 가격은 뒤표지에 있습니다.

Copyright ⓒ (주)모아팩토리 Co., Ltd. All Rights Reserved.

이 책은 저작권법에 의해 보호를 받는 저작물이므로 저자와 출판사의 서면 허락 없이 내용의 전부 또는 일부를 이용하는 것을 금합니다.

모아바 www.moa-ba.com
모아소방전기학원 www.moate.co.kr

모아바 www.moa-ba.com
모아소방전기학원 www.moate.co.kr